斎藤 晶

いのちの輝き感じるかい

「牛が拓く牧場」から

地《ち》湧《ゆう》社

いのちの輝き 感じるかい

石とササだらけの山で開拓農業に行き詰まったときにね、
山のてっぺんの木に登って、周りを眺めながら考えたんですよ。
鳥や虫は、いつもゆうゆうと何も文句も言わないで生きている。
人間だってあの仲間と同じような姿勢に立ったら、どうなるだろうって。
自然に溶け込めば、金は儲からなくても生きてはいけるんじゃないかい、ってね。
それで、山の自然をそのまま生かす形で牛を飼うことを思いついたんですよ。

わたしの牧場のやり方はね、
牛ができることは全部牛に任せてやってもらうという考え方なんです。
そのほうが自然に近いよってことです。
そしたら牛も喜ぶし、人間も楽だよってことなんですよ。

木と草と牛とをうまく調和させりゃ、
自然の循環の法則にスパンと入っていくんです。
そうしたら、こんな山もお金をかけずに牧場に変わるんだよね。
それで、すばらしい環境ができるってことなんです。
ノイローゼとか、ウツ病とか、化学物質過敏症になった人も、
山菜とったり散策しているうちに、みんな治っていくんですよ。
都会の人が疲れたときに癒すには、こういう自然牧場が一番いいんです。

わたしもムシャクシャするときは、
ひとりで山の上に登っていくんですよ。
それで視野を広くしてね、
自分の好きなことは何か、みたいなことを考えるんです。
家のなかでなんぼ考えていてもダメなんです。
一番高いところに登って、全体を見るってことなんですよ。
そうすると、気持ちが晴れてくるんです。
そういうところに、人間に気づかせてくれる、感じさせてくれる
自然のすばらしさがあるんだろうと思うんですよ。

うまく自然に溶け込めば、どんな山でも高度な技術なんかなくても、
原理さえ知っていれば、どこだってこんな牧場になるんです。
だから今のような時代の流れになってくると、
環境問題やらいろんなことを総合的に考えたら、
日本の山なんてのはこんなやり方でみんな宝物にできますよ、
というふうに言えてしまうわけですよ。
日本の国土ほど恵まれた風土ってものは世界でもめずらしいんだから、
それをみんなが認識することが一番大事なことなんだろうと思うよ。

ここは今は牧草におおわれてるけど、石だらけで土が見えなかったんです。
ところが、草が石をみな包んでしまったんですよ。
だから、もう大きな石しか見えないんです。
そして景観から見ると、その石がひとつのプラスの要素になってるんですよ。
それから、木も初めは全部火をつけて焼いてやろうと思っていたのに、
天気があんまりよくなくて、うまく焼けなかったのが残ったんですよ。
それをそのまま放っておいたら、プラスに作用したってことなんです。
都会の人が夏、牧場に来たら「いや、これはいいなー」とみんな言ってますよ。
ここは日本庭園を大きくしたみたいな、すばらしい景観になってますからね。

だから、時間が経つとね、自然のなかでそういうものがどう変化するか、
よーく観察してみなくちゃいけないんですよ。
マイナスの要素に見えるものが、
プラスに変化するってこともあるってことなんですよ。
だから、状況は常に変化してくるからね、
あんまり右往左往して、頭に来たりしなくてもいいよってことなんです。

木と草と石と、自然のそのままの姿がいいんだよね。
ところが牛を放してやらないと、こういう景観にはならないんです。
人間の作った公園には、自然の野性味がないからね。
そういう公園は最初はいいけど、長年のうちに飽きるんです。
ところが自然というのは毎年変化するから、ぜんぜん飽きないんですよ。

草や木や牛は何も言わないのに、
いつのまにか全体のバランスがとれてくるんです。
ところが、人間はものを言うだけの知力がありながら、
問題を起こしているわけですよ。
だから、官僚や学者の言うことより、
自分で直接自然を見て、とらえて、感じたもの、
そのほうが間違いないだろうということなんです。

自然はものを言わないからね、
こっちがそれをとらえる感性を磨いてないと、
そして素直になっていないといけないんですよ。
自然をとらえるときには、そこに感情なんかが入ったりすると、
適切な判断になっていかないんです。
頭に来た、なんて言ってたら特にダメですよ。

あるとき、街にある教会を改築しなきゃいけない、というような話を耳にしてね、
そんな改築するんだったら、本当は山のなかにあったほうが
教会の意義があるんじゃないのかい、って言ったんですよ。
教会だって結局、自然の理法を説く所なんじゃないのかいって冷やかしたんです。
最初は、フキをとりに来たのかな。
それから、ワラビとりだなんだと何回も来てるうちに
本当にここに教会を建ててしまったんですよ。

お釈迦様でも、キリストでも、
結局は自然の理法を教えたはずだと思ってるんですよ。
だから、ほんとに素直に謙虚に自然ってものを
とらえる姿勢さえ自分がもっていればね、
お釈迦様やキリストの言ってることにも、
みなつながるはずだってことなんです。

社会のシステムなんてのは、みな人間がつくったものなんです。
ところが、自然ってのは人間がつくったものじゃないんですよ。
だから、自然という原点を感性でとらえて、
それをよりどころにして生きていればね、
世の中の流れがどうなっていくか、それにどう対応するか、
そのへんも適切な判断ができるってことなんですよ。
だから、一喜一憂することないよってことなんです。
どんな逆境になっても、これもひとつの過程だってとらえるわけですよ。
その過程をクリアーしていかなければ、
自分の考えてる理想的なところには行かないよって受け止めて、
状況に応ずるってことなんです。

前向きの姿勢でそうしたふうにとらえていれば、
落ち込むこともなけりゃ、そうガタガタすることもないよ。
いろんな変化が起きてきた場合には、
これも何かに気づけというひとつの試練だな、
というふうにとらえることもできるってことなんですよ。
みんなひとつの勉強の過程になるんです。
だから「災い転じて福となす」なんて諺《ことわざ》があるとおり、
自分のとらえ方しだいでそうなるわけですよ。

あらゆることが自分の勉強の過程になるし、
マイナスになるものなんてないよ、ってことなんです。
条件が悪ければ悪いのをプラスにする方法だって、
工夫すれば、なんぼでもありますよってことなんですよ。
金なんかなければ、ないやり方があるんですよ。

一番山奥で、一番石が多くて条件の悪い土地だったのに、
人を惹きつける牧場を作ってこれたのは、
経営力なんてものじゃなくて、
自然に溶け込んで生きるという人間のひとつの生き方なんです。
その基本のところに、人から理解されないようなものがあるってことなんです。
わたしのやり方を見て「これはうまい経営法だ」と真似しようとしても、
普通はなかなか真似できないんですよ。
人間の生き方、価値観というものをひっくり返してしまわないと、
ただ表面の目に映ったところだけを真似していたんじゃ、
外からの批判やなんかに耐えられやしないんです。

一番大事なのはいのちで、生きることなんです。
ところが恵まれてくるとね、生きること、いのちってものが台無しになって、資本主義の論理というか、結局は金なんだよね。
で、金の信仰に入っちまうから、人間の感性が鈍ってくの。

金はもともと人間がよりよく生きるために方便として作ったものなのにね、
今は、目標になってしまっているわけですよ。
それじゃあ、みんな勘違いじゃないのかい、ってことなんですよ。
だからそれに早く気づいて、
自分の生き方ってのはどこで一番暮らしやすいのか、
都会が暮らしやすいのか、こういう自然のなかが暮らしやすいのか、
自分で気づかなくちゃいけないですよ。

これから人口爆発とか、食料危機とかの問題がいずれ来ますよ。
そうした場合に、今の価値観のままで行ったら、
いったいどうなるかってことなんです。
そうならないためには、自然の循環の法則を
きちんと認識しなくちゃいけないよ、ってことなんです。
そうすると、目の前の金のことよりもね、
人間がいかに生きていくかということを
優先して考えておかなくっちゃいけないよ、ってことになるんです。
そして、そのほうが適切な判断ということになると思うんだよね。
今、金があればいい、っていうのよりも。
ところが、たいていの人は、金があれば生きられると思いこんでいるんです。
でも、自然が破壊されたら、人間は生きられやしないんですよ。

これから時代はますます厳しくなっていくだろうけども、
そこで少しでも、自然の原点というのは何だったのかに
気づく人が出てくれれば、それはそれでプラスになりますよ。
だから、それを認識して私みたいなことを実践する人も
当然、地方地方に出てきて当たり前なんですよ。
そういうことに気がついた若い人がね、ここに来ればいいんですよ。

人の考え方を変えていこうなんていうことじゃなく、
自分のほうが先に気がついたら、変わってしまえってことですよ。
自分が生き方を変えてみてどういう答えが出るか、やってみればいいんです。
それで、一時はもうダメかというようなきわどい所も通っていくだろうけども、
そうならずに切り抜ける方法が見つかってくるんですよ、もがいてるうちに。

やっぱりギリギリの極限状態まで行って、
固定観念を捨てた人がね、
新しいものを創り出す感じですよ。
極限状態まで行かなくても、それに似たようなことを通った人ほど、
ホンモノをつかんでますよ。
そういう人が成績がいいかというと、そうじゃないんです。
ものを見てとらえる感性がいいんですよ。

KANGOL

ホンモノをつかむ感性を育てるには、
子どものときに自然のなかで遊ばせておくのが大事なことなんです。
その感性の上に学歴が立っていかなきゃダメなんですよ。
だからここは、牛の放牧場であると同時に
人間の子どもたちの放牧場であればいいな、と思って開放しているんですよ。
これからの子どもは塾なんかに通わせるより、放牧をしなきゃね。

人間ってあんまりなんでも知りすぎて、考えすぎると、
適切な判断につながらんのよね。
かえって学校の成績が悪い人のなかに、
本当に自然の理にかなったとらえ方をする人がおりますよ。
知識を「憶える」っていうことは、
自分の本来の直観みたいなもの、感性をね、
鈍らせる作用もするんですよ。
だから、高学歴のエリートになったからすばらしいってもんじゃないよ。

学校に行くとね、「忘れる」ってことが一番マイナス要素になるけどね、
本当は「忘れる」ってことはとても大事なことなんです。
私みたいなのは自然に忘れるからいいんですよ。
恥をかいたのも、賞をもらったのも、全部忘れるんですよ。
だから、新しいことに踏み出せるんです。
過去のことを忘れてるから、今とこれからのことばっかり見てるでしょ。
だから、踏み出していけるんです。
でも、頭のいい人は記憶力がよくて忘れないから、
過去にとらわれて、おっかなくて踏み出せないんですよ。

自分がどんな生き方をするか、どんな生き方をしたいのか、
それをきちっと自分でとらえて、
自分の能力の範囲でできることを考えればいいんですよ。
そしたら、むずかしいことなんて何もないだろうってことなんです。
ところが高学歴になると、だんだんむずかしく考えるようになってしまうんだな。
あらゆるものを知ってるし、固定観念ができてしまうから。
だから、勉強ってのは本当は、ものを「憶える」ことじゃなくて、
自分が「気づく」ことなんだよってことなんです。
だから気づけば、何も必要ないことまで憶えなくてもいいんですよ。
自分の判断でできる程度の生活をしていけばいいんだもの。

自分の生きがいを感じたり、夢を感じたりするような生き方をしてるとね、
人から見てどう言われようと勝手なんです。
そうかいそうかい、考えてみりゃそうも言えるよな、とトボケていればいいんですよ。
人が自分のことをどう評価しようと勝手だよ、どうでも相手しだいだよ。
そういう姿勢になりきってしまえば、おっかないことなんて何もないんですよ。
そして、そういう姿勢でずっとやり続けていることがね、
だんだん人を惹きつける魅力に変わっていくんです。

牛が拓いた牧場と斎藤晶さんの世界

広島大学生物生産学部付属農場教授
三谷克之輔

牛と自然の力を借りて牧場を作る

北海道旭川市の中心街から車で約三十分、雨粉川の清流沿いに山へ向かって登っていくと、斎藤晶さんの「牛が拓く牧場」がある。地湧社から出版されている同名の本に魅せられて、私は斎藤牧場を訪れた。「牛が拓く牧場」とは、お金をかけないで牛に拓かせた牧場のことなので、質素で地味な牧場であろうと想像していた。ところが、牛を使って「造園」したと表現したいほど、実に美しい牧場がそこにはあった。

森と放牧地と石々のハーモニーが、身を包み込むように私を迎え、癒してくれる。芝を刈ったように短い放牧草。しかも、道路や法面《のりめん》から木々の株まで、短い草に覆われて景観と自然の豊かさを競っている。「うちの牛はいやしいから」と簡単に笑って説明される斎藤さんだが、この山の自然の営みを隅々まで熟知しているからこそ出てくるジョークであろう。ここには牛と草と樹木、土と糞と昆虫と土壌微生物等々、多様な関係の生態系が、斎藤さんの感性の手を借りて見事に定着している。

道路は車が走る所と思っている私たちにとって、道路を短い放牧草が覆っているのは不思議な光景である。しかし、斎藤さんは最初に道路を作り、そこに牧草の種を播いて牛を入れることから放牧地作りを始めた。斎藤さんにとっては、道路が草で覆われているのはあたりまえなのである。

道路ができて、牛が樹林と笹藪に覆われている山に入れるようになると、斎藤さんは火入れを行なう。山を焼くことを悪いことと思っている私たちは、「火入れ」をしないで放牧地を作れないかと思う。しかし、山の木や笹が十分に水分を含んでいるときは山火事になる心配のないことを、斎藤さんはよく知っている。刈り取って乾燥させた笹はよく燃えて灰になるが、刈らない笹は水分を含んで防火帯となる。残したい木は周りの笹を刈らないでおくと、その木は守られて、焼け残った笹は牛の飼料になる。

樹林、灌木、雑草等の焼け跡の灰に牧草の種を播くと、種が灰に埋もれて土に定着しやすくなる。これは、自然再生の摂理であるとともに、古来の焼畑農法の原理でもある。焼畑農業では二～三年で場所を移していくが、これは土地が痩せるからというよりも、作物が雑草に負けるからである。斎藤さんは、雑草は牛に食べさせればよいことをよく知っている。焼け跡に牛を入れると、成長の早い雑草や笹の芽を食べてくれる。また、播いた種は牛に踏まれて土に埋まり、発芽しやすくなる。火入れして三年もすれば、笹藪は美しい放牧地に変貌するのである。

放牧地を作るために、一度に多くの木を切り運び出すのは相当な労力がいる。機械を使うと大切な表土まで削り取ってしまう。しかし、火入れをして放牧地を作っていけば、木を切る作業は省略でき、表土は灰により豊かになる。火の勢いで立ち枯れとなった木は、そのまま放置しておけば風雪に耐え兼ねるように朽ちて倒れる。倒れるのを待てば片付けるのも楽だ。

発想の転換で厳しい環境が宝物に変わった

現代農法や科学技術の底流には、「厳しい環境を人間の力で克服して収穫を得る」という価値観がある。斎藤さんも同じ考えで、昭和二十六年、二十三歳のときに、それまでの四年間の開拓の共同経営から独立し、石ころだらけのこの山に入った。一鍬一鍬開墾し、来る日も来る日も石を取り除く。そして種を蒔き、除草して作物を収穫する。それが開拓だと思い込んでいた。しかし、働けど働けど生活は楽にならず、ついには精神も肉体も生活も、極限状態にまで追い詰められたという。

それでも、そこから逃げないで、じっと自然を見つめていたとき、昆虫や野鳥がこの山で悠々と生きているのが見えてきた。「自分はお金まで使って肉体を酷使しても生活ができないというのに、この違いは何だろう。そうだ、自分も自然に立ち向かっていくのではなく、昆虫や野鳥のように、この山の循環の中に溶け込んでみよう」

そう思ったとき、それまで自分を束縛していた自然や農業に対する固定観念が吹き飛んだという。草取りに追われ追われて、最後には収穫がないのなら、草を取るより草を利用したらいいではないか。昭和二十八年の秋、乳牛の妊娠牛を一頭購入したのが、斎藤さんの牧場の始まりである。

「開拓は苦労の代名詞のように言われてきましたが、それは固定観念だったのです。自然を理解して、本当の意味で開拓すれば、これほど素晴らしくて、楽しいものはないと思います。厳しいのは環境ではなくて、環境を厳しいと見ていた自分の固定観念、自然観や人生観だと気がついたのです。人間は自分を変えようとしないで、相手に変わって欲しいと思う。しかし、発想の転換をすれば、金がなくても、能力がなくても、何がなくても、自然に溶け込んでいけば、素晴らしい人生を築くことができるのです。それは、社会の根源にも、つながっていく大事なことだと思います」

斎藤さんは、発想の転換をすることで、それまで厳しい環境や条件と思っていたあらゆるものが、宝物に変わったと言う。山にはすべてのものがそろっていたのに、自分がそれに気がつかなかっただけだと悟る。そして今では、「農業とは自然に溶け込み、自然を学ぶ作業そのものです。さらに言えば、そのような農業に現われた自然の素晴らしさを、皆さんと分かち合うことも、農業の役割ではないかと思っています」と語っている。

日本の里山の景観は、農村に住む人々の農業と暮らしによって作り守られてきたが、酪農によっても、自然は斎藤牧場のように美しい姿を現わしてくれるのである。

「時代遅れ」と言われたやり方がいまや時代の先端へ

牛と自然の力を借りれば、牧場作りは本当に楽だし、楽しくもある。しかし、一般には「開拓は厳しく苦労がつきもの」という固定観念がある。私も実のところ、斎藤さんのことを「苦労の汗の匂いがする強健でいかつい大男」と勝手に想像していた。ところがお会いしてみると、むしろ小柄で、実に飄々とした愉快な自然人である。初めてお会いしたときから、旧知の友人のように私を迎え入れていただいた。

七十歳を越えられた斎藤さんが、ジープをまるで生き物を操るかのように運転しながら、山の中の牧場を身軽に案内してくれる。絶壁沿いの道路もあれば、ぬかるんだ道もある。車は道を走るものとばかり思っていたら、突然、放牧地の斜面を登り出す。命は斎藤さんに預けるしかない。内心、冷や汗ものなのだが、なぜかこれが愉快なのである。

斎藤さんの「牛が拓く牧場」は、最初のうちは行政や研究者から、また酪農仲間からも「あんな笹だらけの牧場の真似をしたら駄目だ」と、相手にされなかった。ところが、五~六年もすると斎藤牧場はしだいに牧場らしくなっていく。一方、雑草や笹の根を取り除いて綺麗な畑を作り、「見習うべき開拓精神だ」と誉められていた農家は、年とともに収穫が減少した。薄い表土を削り取り、雑草も生えないほどきれいにしてしまったのである。当時の批判的だった人々に、皮肉のひとつも言いたくなるが、斎藤さんのお話はちょっぴり風刺を含ませながら、軽やかですがすがしい。

「これまで、私のやり方は科学的でなく時代遅れの経営と批判され、世間の相手にされませんでしたが、時代が一八〇度変わってしまったので、今では時代の先端を走っています」

斎藤さんは、「あんまり勉強をして偉くなると、一番大事なものが見えなくなる」とよく言われる。私の好きな言葉のひとつである。自然の摂理のすごさに比べれば、人間の知識なんて底が浅い。〈ガリレオは発見の天才であると同時に、隠蔽《いんぺい》の天才である〉（フッサールの言葉）というように、科学は見えないものを見えるようにすると同時に、見えるものを見えなくもするのである。

斎藤牧場は「自然に学び人間らしく生きる」ことを二十一世紀に語りかけている。訪れる人の見方によって、農業、教育、科学、社会のあり方から哲学や宗教まで、牧場は美しさの中に多様な姿を現わしてくれる。

斎藤さんは、自分の時間を自由に使い、自然との調和の中に自分の世界を創り出す。斎藤牧場は芸術の世界でもある。

【解説】斎藤牧場について

旭川大学名誉教授
山本克郎

斎藤晶さんは戦後、山形県から北海道の旭川に開拓団の一員として入植。農耕に適さない笹藪だらけの石山に挑んで挫折を体験したのち、発想の転換をし、土地の自然特性をそのまま生かす独特の酪農を手探りで始めた。山の自然と共生する酪農の技術を自ら考案し、社会的経済的に困難な境遇にめげることなく約半世紀あまりにわたってその技法を磨き、「自然に溶け込んで生きる」という独自の哲学を実践して、今日見る山地《やまち》酪農経営を確立してきた。

斎藤牧場は標高差が一五〇メートルもあり、かなりの急斜面が多い。比較的平坦な部分は採草地として利用し、斜面を放牧地として利用している。放牧は春四月半ばに始まり、雪が降りはじめる十一月半ばから四月半ばまでの五か月は、牛舎での飼育となる。放牧中は草地で草が主体、冬は、夏に生産した乾草、サイレージなどによって飼育される。

「牛が拓く牧場」と言われるように、笹藪に覆われた石山を緑豊かな草地に変えるのは牛たちである。斎藤さんは笹を刈り、火入れをして、牧草の種を蒔いてから牛を放すという「蹄耕法《ていこう》」によって、牛の自然な特性を生かす形で見事な草地を作る。斎藤さんは山の木々をよく見極めて、樹木を三割残し、あとを草地に変えた。牛には水と日陰が必要だが、樹木は山の水を保ち、その木陰は牛にこのうえない休み場を提供している。

毎日、山の草を食《は》んで運動している斎藤牧場の牛は、舎飼いの牛と違って足腰が丈夫で、短い。搾乳は八分目としていることもあって、一頭あたりの平均乳量は他に比べると少ないが、搾乳期間は長く十二年に及ぶ。種付けはすべて自然交配で、種牛は二年で交替させ、この山地に適合した牛群ができあがっている。

戦後の北海道酪農の主流はアメリカの酪農経営を模範とし、放牧による草地酪農より濃厚飼料による舎飼いが奨励されて、大規模化が進んでいった。しかし一九六五年当時、北海道に草地の造成指導で来日したニュージーランドのロックハート博士は、斎藤牧場を訪れて「これは素晴らしい方法だ、このままで将来は心配ない」と高く評価したという。

斎藤牧場の草地は、一般の牧場のように除草剤や農薬を使用することを一切していない。化学物質で自然環境を汚染せず、山の表土をそのまま保持して牛をうまく放すので、牧草の密度は通常の二倍近くもあり、一般には十年ごとに必要とされている草地更新を一度もしたことがない。

農政の指導と異なる斎藤牧場は長らく異端視されてきたが、周囲の戦後開拓農家がほとんど離農を余儀なくされている中で、斎藤牧場の現状は農地面積一三〇ヘクタール。飼育数は搾乳牛七〇頭、種牛・初妊牛・育成牛など六〇頭の合計一三〇頭。搾乳量は、年間三〇〇〜三五〇トンである。

斎藤さんの自然に対する深い洞察力をもって、自然の営みと牛の特性を引き出して、時間の経過を見守りながら、時間をかけて、笹薮の石山を草地に変え、木々を残している。この絶妙なバランスは見事な自然との共生を創造し、四季折々の変化に富む景観を生かし、類を見ない「牧場公園」というべき作品に結実させた。

この牧場の生態系は実に豊かで、四季折々の美しい景観を演出している。春は桜やコブシが咲き、コゴミ、ヤマブキ、ヤマウド、行者葫《にんにく》など山菜の宝庫である。夏には下を流れる清流に蛍が飛び交い、山は木々の濃い緑、草地はゴルフ場と見まがうような緑で覆われる。秋は美しい紅葉の季節であり、キノコやヤマブドウ、コクワ、クルミなど、自然の恵みを求めてここを訪れる市民も多い。

斎藤さんは自然を私物化すべきでないとして、牧場を市民に開放しており、身近な自然との交流の場として親しまれている。斎藤牧場は混沌・騒然とした現代社会にあって、人々に自然への回帰と憧憬の情を限りなく呼び起こさせる。

一九八八年、その優れた景観と環境に惹かれた市民が、牧場の一角にログハウスを建てて自然との交流を始めたが、その後山小屋を建てる人々が相次ぎ、現在までにログハウスなどが八棟のほか、農水省研修施設や教会も造られた。幼稚園児や小学生などの野外遠足も年中行事となっており、春と秋には市民も参加しての「牧場祭り」が行なわれている。

斎藤さんは訪れる人々に自然の偉大さを説き、斎藤哲学を披露する。斎藤さんの話は朴訥《ぼくとつ》な語り口だが、大地に根を下ろした哲学者としての響きがある。

斎藤牧場は大学、農業試験場はじめ内外の大学・試験研究機関の草地研究者等にも注目されているが、この優れた環境と景観、それを産み出した斎藤流山地酪農が広く日本の山々に普及していくことを念願せずにはいられない。

〈著者紹介〉

斎藤 晶（さいとう あきら）

1928年、山形県生まれ。'47年、開拓農民として単身、北海道旭川市神居町に入植。笹と石だらけの山で開拓農業にいきづまり、自然に対する発想を転換して酪農に転向。牛と牧草と雑草の生態を生かした蹄耕法による自然流酪農を確立。現在、130ヘクタールの土地に130頭の牛を飼う。'99年度山崎記念農業賞受賞。

漫画『牛のおっぱい』（菅原雅雪作・講談社）は斎藤牧場がモデル。

著書に『牛が拓く牧場』（地湧社）がある。

いのちの輝《かがや》き 感《かん》じるかい――「牛《うし》が拓《ひら》く牧場《ぼくじょう》」から

2002年5月30日　初版発行
2013年3月1日　3刷発行

著　者　斎藤　晶　Ⓒ
写　真　斎藤　均＋稲田　芳弘
発行者　増田　正雄
発行所　株式会社　地《ち》　湧《ゆう》　社
東京都千代田区神田北乗物町16（〒101-0036）
電話番号・03-3258-1251　郵便振替・00120-5-36341
装　幀　宇治晶デザイン室
印　刷　壮光舎印刷
製　本　小高製本

万一乱丁または落丁の場合は、お手数ですが小社までお送りください。

送料小社負担にて、お取り替えいたします。

ISBN978-4-88503-167-0 C0095

牛が拓く牧場
自然と人の共存・斎藤式蹄耕法

斎藤晶著

機械を使わず、除草もせず、あるときは種もまかない自然まかせの牧場。北海道の山奥で生まれた、自然の環境に溶け込んだ牧場経営を通じて、未来の人と自然と農業のあり方を展望する。

四六判上製

生命の医と生命の農を求めて

梁瀬義亮著

戦後いち早く農薬の恐るべき毒性に気づき、敢然と農薬批判を展開しながら、同時に生命を全うする農のあり方を真摯に問い続け、完全無農薬有機農法を確立した医師の思索と実践。

四六判並製

丸くゆっくりすこやかに
健康に生きる知恵

吉丸房江著

両親を癌で亡くし、現代医学に疑問をもった著者は、老子の思想に基づいて、独自の楽しい健康道場を始めた。薬や機械に頼らず、健康に生きるための心のもち方、暮らし方をユーモラスに綴る。

四六判上製

自然に生きる
東城百合子の健康哲学

東城百合子著

自然食による健康運動の第一人者である著者が、活動の根底を貫く「根育て」の哲学を語る。物に頼ることの多い今の健康運動に反省を促し、心が開放された時、自然の偉大な力が働くと説く。

四六判上製

なまけ者のさとり方

タデウス・ゴラス著／山川紘矢・亜希子訳

ほんとうの自分を知るために何をしたらよいのか、宇宙や愛や人生の出来事の意味は何か。難行苦行の道とは違い、自分自身にやさしく素直になることで、さとりを実現する方法を語り明かす。

四六判並製

からだと心を癒す30のヒント

樋田和彦著

ストレスや病気に効く癒しのガイドブック。自分の中の治癒力を引き出して安らぎと活力をとりもどそう。様々な病気をユニークな診療で治してきた癒しの達人が、そのコツと具体的な方法を解説。

A5変型並製